Mallikarjunagouda Patil
Vijayakumar Chikkalaki
Vishnu Ambalajheri

Avaliação da qualidade da água potável

Mallikarjunagouda Patil
Vijayakumar Chikkalaki
Vishnu Ambalajheri

Avaliação da qualidade da água potável

Um estudo de parâmetros-chave e factores estéticos no distrito de Bagalkot

ScienciaScripts

Imprint

Cover image: www.ingimage.com

This book is a translation from the original published under ISBN 978-620-6-77521-8.

Publisher:
Sciencia Scripts
is a trademark of
Dodo Books Indian Ocean Ltd. and OmniScriptum S.R.L publishing group

120 High Road, East Finchley, London, N2 9ED, United Kingdom
Str. Armeneasca 28/1, office 1, Chisinau MD-2012, Republic of Moldova, Europe
Printed at: see last page
ISBN: 978-620-8-30987-9

Avaliação da qualidade da água potável: Um estudo de parâmetros-chave e factores estéticos no distrito de Bagalkot

Uma solução sustentável para a remediação ambiental

Mallikarjunagouda B. Patil

Professor assistente

P. G. Departamento de Química, Basaveshwar Science College,

Bagalkot-587101, Karnataka, ÍNDIA

Vijayakumar B. Chikkalaki

P. G. Departamento de Química, Basaveshwar Science College,

Bagalkot-587101, Karnataka, Índia

Sr. Vishnu S. Ambalajheri

P. G. Departamento de Química, Basaveshwar Science College,

Bagalkot-587101, Karnataka, Índia

Dedicado ao nosso amado

Pais

Conteúdo

PREFÁCIO

A água é um dos recursos mais vitais para a manutenção da vida e a sua qualidade desempenha um papel fundamental na saúde pública, na agricultura e no bem-estar geral. A garantia de água potável limpa e segura é um desafio enfrentado por muitas regiões em todo o mundo, particularmente em áreas em desenvolvimento onde factores naturais, industriais e agrícolas têm impacto nos recursos hídricos. O distrito de Bagalkot, localizado na região semi-árida do norte de Karnataka, na Índia, não é exceção. Caracteriza-se por caraterísticas geológicas e hidrológicas únicas que tornam a compreensão e a manutenção da qualidade da sua água potável uma necessidade constante.

Este livro, *"Assessing Drinking Water Quality: A Study of Key Parameters and Aesthetic Factors in Bagalkot District"*, é o culminar de uma investigação pormenorizada sobre a qualidade da água em todo o distrito, com enfoque em parâmetros químicos, físicos e microbiológicos críticos. Examina a água tanto de uma perspetiva científica como estética, reconhecendo que, embora a água potável seja crucial, a aceitação das fontes de água pelo público também depende de qualidades como o sabor, o odor e o aspeto.

Este livro tem como objetivo servir de recurso para as autoridades responsáveis pela gestão da água, investigadores, ambientalistas e decisores políticos. Ao identificar as principais preocupações e oferecer uma visão das práticas locais, contribui para o objetivo mais amplo de garantir água segura e sustentável para as gerações futuras.

Estou grato aos muitos indivíduos, organizações e instituições que apoiaram este estudo. Os seus esforços colectivos tornaram este trabalho possível e espero que as conclusões aqui apresentadas inspirem melhorias significativas na gestão da qualidade da água, não apenas no distrito de Bagalkot, mas em regiões semelhantes que enfrentam desafios de qualidade da água em todo o mundo.

Dr. Mallikarjunagouda B. Patil

Sr. Vijayakumar B. Chikkalaki

Sr. Vishnu S. Ambalajheri

Data: outubro de 2024

Agradecimentos

Consegui completar este livro com o apoio, a paciência e a orientação da seguinte organização e de grandes personalidades. É a eles que devemos a nossa mais profunda gratidão.

É com imenso prazer que exprimo a nossa mais profunda gratidão à nossa organização Basaveshwar Veerashaiva Vidyavardhaka Sangha, Bagalkot-587101 Karnataka, Índia, por me ter proporcionado uma oportunidade tão grande.

Expresso o nosso profundo sentimento de gratidão ao Dr. V C. Charantimath, MLA, Presidente Honorário, B. V V Sangha, Shri Mahesh N. Athani, Secretário Honorário, Presidente do Conselho Diretivo do Colégio, B. V V. Sangha e Shri G.S. Sulibhavi, Presidente do Conselho Diretivo do Colégio, B. V. V Sangha pelo seu apoio e encorajamento ao longo do meu trabalho.

Aproveito esta oportunidade para agradecer ao Vision Group for Science and Technology (VGST), Govt. Of Karnataka, Bengaluru, Índia, pelo financiamento (GRD No: 951) (2020-2021) para a criação do laboratório no Basaveshwar Science College, Bagalkot, Índia.

Gostaria de estender os meus agradecimentos a todo o pessoal docente do Basaveshwar Science College, Bagalkot, Karnataka, Índia, pelo seu apoio.

Dr. Mallikarjunagouda
Patil Sr. Vijayakumar B.
Chikkalaki Sr. Vishnu S.
Ambalajheri

Capítulo 1: Introdução

Introdução da água:

A água é a essência da vida, uma substância milagrosa que sustenta todos os organismos vivos na Terra. Sem ela, a vida tal como a conhecemos não existiria. Cobrindo aproximadamente 71% da superfície do planeta, a água não só é abundante como é indispensável para a vasta gama de ecossistemas que se desenvolvem tanto em ambientes aquáticos como terrestres. Desde os oceanos, que regulam o nosso clima, até aos rios, que esculpem vales e alimentam planícies férteis, a água desempenha um papel fundamental na formação da paisagem física e biológica do nosso mundo. A importância da água vai para além da sua mera abundância. É um meio no qual ocorrem inúmeras reacções químicas essenciais à vida, tornando-a vital para processos como a fotossíntese nas plantas, o metabolismo dos nutrientes nos animais e a regulação da temperatura corporal nos seres humanos. As suas propriedades únicas, como a sua capacidade de existir em três estados - líquido, sólido e gasoso - e a sua notável capacidade de dissolver uma vasta gama de substâncias, distinguem-na como um composto verdadeiramente extraordinário. Nos ecossistemas, a água serve tanto de habitat como de sistema de suporte de vida. Os ambientes aquáticos, desde os vastos oceanos até aos pequenos lagos, estão repletos de biodiversidade, enquanto os ecossistemas terrestres dependem do ciclo da água para distribuir a humidade e sustentar a vida vegetal e animal. A água actua como um fio condutor entre estes ecossistemas, facilitando a transferência de energia, nutrientes e organismos. Para a humanidade, a água é fundamental para a nossa existência. Alimenta a agricultura, impulsiona as indústrias, fornece água potável e apoia o saneamento. De facto, historicamente, as civilizações floresceram em regiões com acesso a amplos recursos de água doce. No entanto, apesar da sua abundância, a água está cada vez mais ameaçada devido à poluição, às alterações climáticas e ao consumo insustentável. Os desafios da escassez de água e a necessidade de uma gestão eficaz da água são questões globais críticas que exigem uma atenção urgente.

Nesta exploração, iremos aprofundar a importância multifacetada da água, examinando as suas propriedades físicas e químicas, o seu papel na manutenção do equilíbrio dos ecossistemas da Terra e a sua contribuição crucial para a saúde e o desenvolvimento humanos. Ao compreender o papel indispensável que a água desempenha no nosso mundo, podemos apreciar melhor a necessidade de proteger e conservar este precioso recurso para as gerações futuras.

A importância da água

A água é essencial para a vida na Terra, actuando como um bloco de construção fundamental para todos os processos biológicos. Todos os organismos vivos, desde o mais pequeno micro-organismo até ao maior mamífero, dependem da água para sobreviver. Facilita reacções bioquímicas cruciais, ajuda no transporte de nutrientes e ajuda a regular a temperatura, tornando-a indispensável tanto para a função celular como para os sistemas mais amplos dos organismos vivos. Para as plantas, a água é vital para a fotossíntese, o processo pelo qual convertem a luz solar em energia, apoiando assim toda a cadeia alimentar. Os animais, incluindo os seres humanos, dependem da água não só para se hidratarem, mas também para a digestão, circulação e excreção. Ajuda a manter a homeostase, equilibrando os ambientes internos dos organismos, o que é fundamental para a saúde e a sobrevivência em geral.

Para além da sua importância biológica, a água desempenha um papel fundamental na formação da paisagem física da Terra. Ela esculpe rios, forma lagos e sustenta zonas húmidas, criando diversos ecossistemas que suportam uma grande variedade de espécies. O ciclo da água - que inclui a evaporação, a condensação e a precipitação - assegura a reposição contínua das reservas de água, mantendo o equilíbrio dos ecossistemas naturais. Os oceanos, que contêm cerca de 97% da água da Terra, regulam os padrões climáticos globais, absorvendo e redistribuindo o calor através das correntes oceânicas. Este facto estabiliza as temperaturas, o que, por sua vez, influencia os padrões meteorológicos, a distribuição da precipitação e os ciclos agrícolas.

Para os seres humanos, a água está intrinsecamente ligada a quase todos os aspectos da vida quotidiana. É essencial para a agricultura, permitindo a produção de alimentos para milhares de milhões de pessoas. As fontes de água doce, como rios, lagos e águas subterrâneas, são utilizadas para a irrigação de culturas, apoiando a segurança alimentar em todo o mundo. A água é também fundamental para os processos industriais, a produção de energia e o saneamento. A energia hidroelétrica aproveita a força da água para gerar eletricidade, enquanto a água é necessária para o fabrico, limpeza e refrigeração numa variedade de indústrias. Além disso, o acesso a água potável limpa e segura é um direito humano fundamental e é crucial para prevenir doenças e promover a saúde pública. Sem água adequada, o saneamento é afetado, levando à propagação de doenças transmitidas pela água que podem devastar comunidades, especialmente nas regiões em desenvolvimento.

Apesar da sua abundância na Terra, a água doce e potável é um recurso finito, representando apenas cerca de 3 % do abastecimento total de água do planeta, grande parte da qual se encontra retida nos glaciares ou nas profundezas do subsolo. À medida que as populações crescem e a procura de água aumenta, as questões da escassez e da distribuição desigual tornaram-se desafios globais prementes. As alterações climáticas, a poluição e a extração excessiva estão a agravar estes problemas, ameaçando os ecossistemas, a segurança alimentar e os meios de subsistência humanos. Por conseguinte, a importância da água não pode ser sobrestimada. Não se trata apenas de uma necessidade para a vida, mas também de um elemento crucial para manter a saúde do planeta e sustentar as gerações futuras. O reconhecimento do seu significado sublinha a necessidade de uma gestão sustentável e de esforços de conservação para proteger este recurso inestimável.

Água e vida

A vida, tal como a entendemos, não seria possível sem água. É o principal componente de todas as células vivas, constituindo cerca de 60-70 % do corpo humano e uma percentagem ainda mais elevada em algumas plantas e animais. A água é parte integrante da estrutura e função das células, servindo de meio no qual ocorrem as reacções bioquímicas vitais. Dissolve e transporta nutrientes essenciais como vitaminas, minerais e oxigénio para as células, assegurando que os organismos possam crescer, reparar tecidos e manter os níveis de energia. Sem água, o metabolismo dos organismos vivos deixaria de funcionar, uma vez que a água é um reagente crucial na decomposição de hidratos de carbono, proteínas e gorduras para libertar energia. Da mesma forma, a digestão depende da água para quebrar as moléculas dos alimentos e facilitar a absorção de nutrientes, ao mesmo tempo que desempenha um papel fundamental na excreção de produtos residuais, garantindo que as toxinas são eficientemente removidas do corpo.

Para além das suas funções biológicas internas, a água é também um habitat essencial para uma incrível diversidade de espécies. Os oceanos, rios, lagos e zonas húmidas da Terra servem de casa a milhões de espécies, desde o plâncton microscópico até às maiores baleias. Os ecossistemas aquáticos são alguns dos ambientes mais produtivos do planeta, suportando complexas redes alimentares e hotspots de biodiversidade. Por exemplo, os recifes de coral, frequentemente designados por "florestas tropicais do mar", são ecossistemas altamente diversificados que dependem da clareza e da estabilidade da temperatura da água do mar. Os ambientes de água doce, como os rios e os lagos, são habitats essenciais para peixes, anfíbios, insectos e plantas, que desenvolveram adaptações únicas para sobreviverem em habitats aquáticos. Os ecossistemas aquáticos não são apenas cruciais para as espécies que neles vivem, mas também fornecem uma série de serviços ecológicos, como a purificação da água, o ciclo de nutrientes e o sequestro de carbono, que beneficiam todo o planeta.

Para além de suportarem diretamente a vida, os ecossistemas aquáticos desempenham um papel fundamental na regulação do clima e na manutenção dos ecossistemas terrestres. Por exemplo, os oceanos do mundo absorvem grandes quantidades de dióxido de carbono, actuando como um amortecedor contra o aquecimento global, atenuando o efeito de estufa. Entretanto, os rios e lagos distribuem a água pelos continentes, reabastecendo os lençóis freáticos e alimentando as florestas, os prados e as zonas agrícolas. A saúde destes ecossistemas aquáticos está diretamente ligada à saúde dos ambientes terrestres, uma vez que as alterações na disponibilidade ou qualidade da água podem ter impactos de grande alcance nas populações de plantas e animais. A interligação dos ecossistemas aquáticos com o ambiente em geral realça o papel crítico que a água desempenha não só no apoio à vida dentro dos seus limites, mas também na manutenção da vida para além deles.

Dado o papel vital que a água desempenha tanto nos processos biológicos como nos ecossistemas, a sua conservação é de extrema importância. Muitos ecossistemas aquáticos estão ameaçados devido à poluição, à extração excessiva, às alterações climáticas e à destruição dos habitats, factores que têm impactos devastadores nas espécies que deles dependem. À medida que continuamos a enfrentar desafios ambientais globais, proteger e restaurar estes preciosos ambientes aquáticos será essencial para manter a biodiversidade e garantir a sobrevivência contínua de inúmeras espécies, incluindo a nossa.

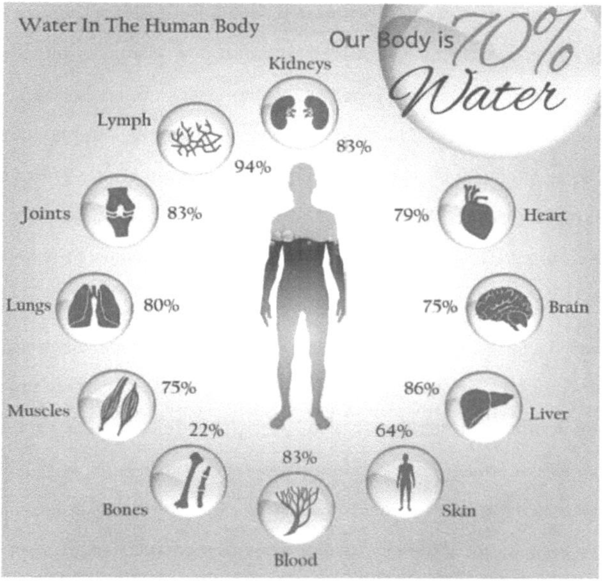

Figura 1. A água no corpo humano.

O ciclo da água

A água da Terra está em constante movimento, passando por várias fases - líquida, gasosa e sólida - num processo contínuo e dinâmico conhecido como ciclo da água, ou ciclo hidrológico. Este ciclo é fundamental para sustentar a vida na Terra e manter o equilíbrio ambiental do planeta. Começa com a evaporação da água de grandes massas de água, como oceanos, lagos, rios e até mesmo de superfícies terrestres húmidas e vegetação. À medida que o Sol aquece a superfície da Terra, as moléculas de água ganham energia e passam do estado líquido para o estado gasoso, subindo para a atmosfera sob a forma de vapor de água. Este processo, conhecido como evaporação, é um mecanismo fundamental através do qual a água entra na atmosfera. As plantas também contribuem para este processo através da transpiração, em que libertam vapor de água das suas folhas, alimentando ainda mais o ciclo.

Uma vez na atmosfera, o vapor de água arrefece e condensa-se, formando pequenas gotículas que se agrupam para criar nuvens. Esta mudança de fase de gás para líquido é designada por condensação. Dependendo das condições atmosféricas, como a temperatura e a humidade, estas nuvens podem percorrer grandes distâncias, por vezes atravessando continentes, antes de libertarem a água armazenada de volta à superfície da Terra sob a forma de precipitação. A precipitação ocorre quando as gotículas de água das nuvens se tornam demasiado pesadas para permanecerem suspensas no ar. Pode assumir várias formas, incluindo chuva, neve, granizo ou saraiva, consoante a temperatura do ar circundante. A chuva cai normalmente em climas mais quentes, ao passo que em regiões mais frias ou durante os meses de inverno, a água pode cair sob a forma de neve ou gelo, contribuindo para os glaciares e a camada de neve nas zonas montanhosas.

Quando a precipitação atinge a superfície da Terra, segue caminhos diferentes. Alguma da água infiltra-se no solo, percolando através de camadas de rocha e sedimentos para reabastecer os aquíferos subterrâneos. Este processo é fundamental para manter as reservas de água subterrânea, que servem como fonte primária de água potável para milhões de pessoas e fornecem irrigação para a agricultura. A água armazenada nestes aquíferos pode permanecer aí durante séculos antes de regressar lentamente à superfície através de nascentes ou da extração humana. Em zonas onde o solo está saturado ou é impermeável, a água pode acumular-se à superfície, formando zonas húmidas, pântanos ou planícies aluviais ricas em biodiversidade.

A água restante flui sobre a terra como escoamento superficial, movendo-se através de rios, ribeiros e riachos e, por fim, regressando aos lagos, mares e oceanos. Esta viagem nem sempre é direta - a água pode ser armazenada temporariamente em reservatórios, lagos ou glaciares. Os rios, alimentados tanto pelo escoamento superficial como por nascentes subterrâneas, desempenham um papel essencial no transporte de água através de vastas distâncias, abrindo vales e moldando paisagens ao longo do seu curso. A água acaba por regressar aos oceanos, completando o ciclo e recomeçando o processo.

O ciclo da água é vital para a manutenção do clima e dos ecossistemas da Terra. Regula a temperatura, distribuindo o calor pelo globo através de processos como a evaporação e a precipitação, que são fundamentais para os padrões climáticos. Por exemplo, as áreas próximas de grandes massas de água têm frequentemente climas mais amenos porque a água retém o calor e liberta-o lentamente. O movimento da água também facilita a transferência de nutrientes, uma vez que os rios e riachos transportam minerais dissolvidos da terra para o oceano, apoiando a vida marinha. Esta troca contínua de água entre a atmosfera, a terra e os oceanos impulsiona a distribuição de recursos e energia, tornando o ciclo da água uma pedra angular dos sistemas naturais da Terra.

Para além da sua importância ecológica, o ciclo da água tem implicações diretas na sociedade humana. Rege a disponibilidade de recursos de água doce, que são essenciais para beber, para a agricultura, para a indústria e para o saneamento. Compreender os meandros deste ciclo ajuda a gerir os recursos hídricos de forma sustentável, particularmente à medida que as actividades humanas e as alterações climáticas alteram os padrões naturais. As alterações no ciclo da água - como as mudanças nos padrões de precipitação ou a aceleração do degelo dos glaciares - podem conduzir a secas, inundações e outros fenómenos meteorológicos extremos, realçando a interligação entre a água, o clima e o bem-estar humano.

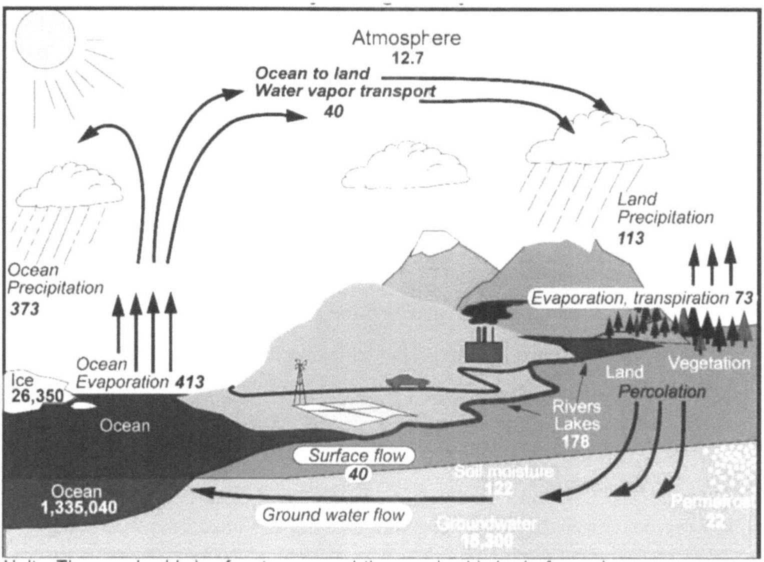

Figura 2. Os ciclos da água.

Propriedades únicas da água

A água tem várias propriedades físicas e químicas notáveis que a tornam indispensável à vida e aos ecossistemas. Uma das suas principais caraterísticas é a sua elevada capacidade térmica, o que significa que pode absorver e reter uma grande quantidade de calor sem sofrer alterações significativas de temperatura. Esta capacidade permite que a água actue como um amortecedor natural, ajudando a regular o clima da Terra ao moderar as flutuações de temperatura. Os oceanos, lagos e outras grandes massas de água absorvem o calor durante o dia e libertam-no lentamente durante a noite, criando um ambiente mais estável e habitável para os organismos.

Outra propriedade fascinante da água é o seu comportamento invulgar em termos de densidade. Ao contrário da maioria das substâncias, que se tornam mais densas à medida que arrefecem, a água atinge a sua densidade máxima a cerca de 4°C. À medida que arrefece, torna-se menos densa, fazendo com que o gelo flutue na água líquida. Esta anomalia de densidade é crucial para os ecossistemas aquáticos, particularmente nos climas mais frios. Quando as massas de água congelam, o gelo forma uma camada protetora à superfície, isolando a água por baixo e permitindo que a vida aquática sobreviva durante o inverno. Este gelo flutuante também reflecte a luz solar, ajudando a regular a absorção de calor e contribuindo para o equilíbrio energético do planeta. Estas propriedades únicas da água são essenciais para sustentar a vida e manter a estabilidade ambiental.

Desafios e conservação

Apesar da sua abundância, a água limpa e acessível é um recurso finito. As crescentes exigências de uma população mundial em crescimento, juntamente com os efeitos das alterações climáticas, estão a exercer uma enorme pressão sobre as fontes de água. A poluição, a extração excessiva e a má gestão da água estão a ameaçar a qualidade e a disponibilidade deste precioso recurso.

A conservação e a utilização responsável da água são cruciais para garantir um futuro sustentável. Os esforços para proteger e recuperar as bacias hidrográficas, reduzir a poluição e promover uma utilização eficiente da água são imperativos para manter o equilíbrio ecológico e satisfazer as necessidades humanas.

Água potável

Fonte de água potável:

A fonte de água potável pode variar muito, dependendo do local onde vive e das infra-estruturas disponíveis na sua área. Eis algumas fontes comuns de água potável:

Figura 3. Fonte de água potável

Fontes de água de superfície: Rios e riachos: Muitos municípios obtêm a sua água potável de rios e riachos próximos. A água é recolhida e tratada para remover impurezas e contaminantes.

Lagos e reservatórios: Grandes massas de água, como lagos e reservatórios, também podem servir como fontes de água potável. A água é normalmente recolhida e tratada antes de ser distribuída aos consumidores.

Lagoas: Nalgumas zonas rurais, pequenos lagos são utilizados como fonte de água potável. Um tratamento adequado é essencial para garantir a segurança da água.

Figura 4. Sistema de água do tanque.

Fontes de água subterrânea:

Poços: Os poços penetram nos aquíferos subterrâneos para aceder à água subterrânea. Esta é uma fonte comum de água potável nas zonas rurais e suburbanas.

Nascentes: As nascentes naturais que descarregam águas subterrâneas são frequentemente utilizadas como fonte de água potável não tratada, mas normalmente limpa.

Dessalinização: Em regiões com fontes de água doce limitadas, as instalações de dessalinização são utilizadas para converter a água do mar em água doce, removendo o sal e outras impurezas. Esta é uma fonte crucial de água potável em zonas costeiras áridas.

Recolha de água da chuva: Algumas comunidades e agregados familiares recolhem a água da chuva dos telhados em cisternas ou tanques. Esta pode ser uma fonte sustentável de água potável quando devidamente tratada.

Água engarrafada:

Em muitas zonas urbanas e regiões preocupadas com a qualidade da água, a água engarrafada é uma fonte popular de água potável. Normalmente, é obtida a partir de nascentes ou de água da torneira tratada.

Estações de tratamento:

As estações de tratamento de águas públicas recolhem água de várias fontes e submetem-na a processos de purificação para garantir que cumpre as normas de segurança e qualidade. A cloração, a filtração e outros tratamentos são métodos comuns.

Água de poço:

Muitas casas rurais dependem de poços privados para a sua água potável. É da responsabilidade do proprietário do poço garantir a segurança e a qualidade da água.

Água municipal canalizada:

Nas zonas urbanas, o abastecimento de água municipal canalizada é a principal fonte de água potável. A água é captada, tratada e distribuída pelas autoridades locais.

A segurança e a qualidade da água potável são preocupações fundamentais. A água proveniente destas fontes tem de ser submetida a tratamento e testes para cumprir as normas regulamentares e garantir que está isenta de contaminantes e agentes patogénicos nocivos. Os regulamentos e normas de qualidade da água potável podem variar de uma região para outra, mas normalmente têm como objetivo proteger a saúde pública, estabelecendo limites para várias substâncias e parâmetros.

Questões relacionadas com a água potável

O acesso à água potável está longe de ser universal. Em muitas regiões de baixos rendimentos, milhões de pessoas não têm acesso fiável a fontes de água potável, o que resulta numa escassez significativa de água. Esta falta de água potável aumenta o risco de doenças transmitidas pela água, uma vez que as comunidades são frequentemente forçadas a depender de fontes de água contaminadas. A situação é particularmente grave nos países em desenvolvimento, onde as infra-estruturas inadequadas e a falta de saneamento agravam o problema, deixando as populações vulneráveis em maior risco de doença e morte por doenças evitáveis.

Infra-estruturas envelhecidas:

Em muitos países desenvolvidos, o envelhecimento das infra-estruturas de abastecimento de água pode levar a problemas como a contaminação por chumbo proveniente de canalizações antigas. A substituição e manutenção destas infra-estruturas é dispendiosa e difícil.

Impacto das alterações climáticas:

As alterações climáticas podem perturbar os padrões de precipitação e aumentar a frequência e a gravidade de fenómenos meteorológicos extremos, afectando a disponibilidade e a qualidade da água. As secas podem levar à escassez de água, enquanto as inundações podem contaminar as fontes de água.

Extração excessiva de águas subterrâneas:

O bombeamento excessivo de águas subterrâneas para a agricultura, indústria e uso municipal pode esgotar os aquíferos mais rapidamente do que a sua recarga natural, levando a um abaixamento dos lençóis freáticos e à subsidência da terra.

Surtos de doenças transmitidas pela água:

Quando as fontes de água estão contaminadas ou são mal tratadas, podem surgir surtos de doenças transmitidas pela água, como a febre tifoide, a cólera e a disenteria, sobretudo em zonas densamente povoadas ou em campos de refugiados.

Falta de saneamento e higiene:

A falta de instalações sanitárias adequadas e de educação para a higiene pode contribuir para a contaminação da água. A eliminação correta dos resíduos, incluindo os resíduos humanos, é fundamental para evitar a poluição da água.

Desafios legais e regulamentares:

Garantir a qualidade e a segurança da água exige uma regulamentação e aplicação eficazes, o que pode ser difícil em algumas regiões. A monitorização, o cumprimento e a aplicação adequados são cruciais.

Escassez de água:

Em muitas partes do mundo, a escassez de água é um problema significativo. As populações em crescimento, o aumento da procura agrícola e a concorrência por recursos hídricos limitados podem exacerbar este problema.

Privatização dos serviços de água:

A privatização dos serviços de abastecimento de água em algumas regiões suscitou preocupações quanto à acessibilidade, equidade e prioridade do lucro sobre o bem-estar público.

A resolução destes problemas exige uma abordagem multifacetada, incluindo investimentos em infra-estruturas, tratamento da água, quadros regulamentares e educação sobre práticas adequadas de saneamento e higiene. Além disso, os esforços de mitigação e adaptação às alterações climáticas são essenciais para salvaguardar a disponibilidade e a qualidade da água potável face às alterações das condições ambientais.

Gestão da qualidade da água

A gestão da qualidade da água é um aspeto crítico da gestão ambiental, da saúde pública e do desenvolvimento sustentável. Engloba uma série de práticas e políticas destinadas a monitorizar, proteger e melhorar a qualidade da água em várias massas de água, tais como rios, lagos, águas subterrâneas e oceanos. Esta nota explora os princípios e estratégias fundamentais para uma gestão eficaz da qualidade da água.

Princípios fundamentais da gestão da qualidade da água

Prevenir a poluição na fonte: A forma mais eficaz de gerir a qualidade da água é evitar que a poluição ocorra em primeiro lugar. Isto pode ser conseguido através de regulamentos, melhores práticas nas indústrias e campanhas de sensibilização do público.

Quadro regulamentar: As agências governamentais estabelecem frequentemente normas e regulamentos sobre a qualidade da água para limitar a descarga de poluentes nas massas de água. Estas normas estabelecem níveis máximos permitidos para vários contaminantes.

Monitorização e avaliação: A monitorização e a avaliação regulares da qualidade da água são essenciais. Isto envolve a recolha e análise de amostras de água para detetar alterações e tendências na qualidade da água. As decisões baseadas em dados ajudam a identificar fontes de poluição e a avaliar a eficácia das medidas de controlo.

Proteção das fontes de água: A proteção das fontes de água potável, como as bacias hidrográficas e os aquíferos, é uma abordagem proactiva para garantir um abastecimento limpo e sustentável de água potável.

Tratamento e tecnologia: Os processos avançados de tratamento da água, incluindo a filtração, o tratamento químico e a desinfeção, são utilizados para remover os contaminantes da água potável. As estações de tratamento de águas residuais são também vitais para remover os poluentes das descargas de esgotos e industriais.

Estratégias para a gestão da qualidade da água

Prevenção da poluição: Incentivar as indústrias, a agricultura e os agregados familiares a adoptarem práticas que reduzam ou eliminem a libertação de contaminantes nas massas de água. Isto pode incluir a utilização de produtos químicos amigos do ambiente, a gestão adequada dos resíduos e a redução do consumo de água.

Gestão de bacias hidrográficas: Implementar planos integrados de gestão de bacias hidrográficas para proteger as águas de origem. Isto envolve o planeamento da utilização dos solos, o controlo da erosão, a reflorestação e a preservação das zonas húmidas e das zonas de proteção natural.

Tratamento de águas residuais: Investir em instalações avançadas de tratamento de águas residuais para garantir que as águas residuais e os efluentes industriais sejam adequadamente tratados antes da descarga. Promover a eliminação segura de resíduos perigosos.

Comércio da qualidade da água: Implementar programas de comércio da qualidade da água que permitam às entidades comprar e vender créditos de redução de poluentes, encorajando um controlo eficaz da poluição em termos de custos.

Sensibilização e educação do público: Informar o público sobre a importância da conservação da água e da prevenção da poluição. Envolver as comunidades nos esforços de monitorização e proteção da qualidade da água.

Resposta e preparação para emergências: Desenvolver planos de contingência e estratégias de resposta para enfrentar emergências de qualidade da água, tais como derrames de produtos químicos, proliferação de algas nocivas ou catástrofes naturais.

Investigação e inovação: Investir em investigação e desenvolvimento para fazer avançar as tecnologias de tratamento da água e melhorar a compreensão dos contaminantes emergentes e do seu impacto na qualidade da água.

Questões relacionadas com a água no estado de Karnataka, na Índia

Figura 5. Questões relacionadas com a água no Karnataka

Karnataka, tal como muitos outros Estados da Índia, enfrenta vários desafios relacionados com a água. Algumas das principais questões incluem:

Distribuição desigual:

Os recursos hídricos do Karnataka não estão distribuídos uniformemente pelo Estado. O Norte do Karnataka enfrenta frequentemente escassez de água em comparação com as regiões do Sul. A distribuição desigual pode conduzir a disparidades regionais no acesso aos recursos hídricos.

Esgotamento das águas subterrâneas:

A extração excessiva de águas subterrâneas para fins agrícolas, industriais e domésticos levou ao esgotamento dos aquíferos em muitas partes do Estado. Esta é uma preocupação significativa, uma vez que as águas subterrâneas são uma fonte crucial de água para várias utilizações.

Necessidade de água para a agricultura:

A agricultura é um dos principais consumidores de água no Karnataka. A procura de água para fins de irrigação é elevada e as práticas de irrigação ineficientes contribuem para o desperdício de água. A promoção de práticas agrícolas eficientes do ponto de vista hídrico é crucial para uma gestão sustentável da água.

Gestão das águas urbanas:

A rápida urbanização em cidades como Bengaluru exerceu uma enorme pressão sobre os recursos hídricos. O crescimento não planeado, o aumento da população e as infra-estruturas inadequadas contribuem para a escassez de água nas zonas urbanas.

Interligação de rios e disputas:

O Karnataka tem vários rios importantes, incluindo o Krishna e o Cauvery. Os litígios sobre a partilha da água dos rios entre os Estados, em especial o litígio sobre a água do rio Cauvery com Tamil Nadu, são questões de longa data.

Secas e alterações climáticas:

O Karnataka é propenso a secas e prevê-se que as alterações climáticas venham a agravar estes desafios. As alterações nos padrões de precipitação e o aumento das temperaturas podem afetar a disponibilidade de água e a produtividade agrícola.

Questões relacionadas com a qualidade da água:

A contaminação das fontes de água, nomeadamente dos rios e lagos, é uma preocupação.

Os efluentes industriais, o escoamento agrícola e o tratamento inadequado das águas residuais contribuem para a poluição da água. Garantir a qualidade das fontes de água potável é essencial para a saúde pública.

Práticas tradicionais de recolha de água:

O incentivo aos métodos tradicionais de recolha de água, como a construção de barragens de controlo, o rejuvenescimento de tanques tradicionais (Kalyani) e a promoção da recolha de águas pluviais, é crucial para uma gestão sustentável da água.

Política e governação:

Uma governação e políticas eficazes no domínio da água são essenciais para enfrentar os desafios relacionados com a água. A implementação de medidas de conservação da água, a promoção de uma utilização eficiente da água e a aplicação de regulamentos para evitar a poluição da água são aspectos críticos das intervenções políticas.

Participação da comunidade:

O envolvimento das comunidades locais em iniciativas de gestão da água e a promoção de práticas sustentáveis no domínio da água ao nível das bases é crucial para o sucesso a longo prazo dos esforços de conservação da água. A nível estatal e local, estão a ser implementadas iniciativas para enfrentar estes desafios através de programas de conservação da água, projectos de gestão de bacias hidrográficas e campanhas de sensibilização do público. O governo, juntamente com várias organizações, está a trabalhar no sentido de adotar práticas sustentáveis de gestão da água para garantir a segurança da água a longo prazo para a população de Karnataka.

Questões relacionadas com a água no distrito de Bagalkot do estado de Karnataka

O distrito de Bagalkot, oficialmente conhecido como Bagalakote, é um distrito governamental no estado de Karnataka, no sul da Índia. A sua sede administrativa está localizada no município de Bagalakote. Situado na parte norte de Karnataka, o distrito faz fronteira com vários outros distritos, incluindo Belgaum, Gadag, Koppal, Raichur e Vijayapura (anteriormente Bijapur). Bagalakote foi oficialmente estabelecido como distrito separado em 1997, na sequência da diretiva do Governo de Karnataka, Notificação RD 42 LRD 87 Parte III, que levou à bifurcação do distrito de Vijayapura.

O distrito é geograficamente diverso e administrativamente dividido em dez taluks:

Badami, Bagalakote, Bilagi, Guledgudda, Rabkavi Banhatti, Hunagund, Ilkal, Jamakhandi, Mudhol e Teradal. Cada um destes taluks tem o seu próprio significado cultural e económico único, contribuindo para o desenvolvimento global da região. Bagalkot é também uma área historicamente rica, com vários locais antigos, como Badami, conhecido pelos seus templos rupestres, que atraem turistas e académicos.

O distrito é atravessado por três grandes rios - os rios Ghataprabha, Malaprabha e Krishna. Estes rios não são apenas vitais para a agricultura do distrito, mas também moldam a sua geografia e ecossistemas. Kudalasangama, um importante local de peregrinação, situa-se na confluência dos rios Krishna e Malaprabha. Este local tem um significado religioso, pois é conhecido por ser o local de descanso final do santo e reformador social do século XII, Basavanna, uma figura-chave no movimento Bhakti e o fundador da seita Lingayat.

Os rios de Bagalkot desempenham um papel crucial no apoio à agricultura local, que é a espinha dorsal da economia do distrito. As margens férteis dos rios são utilizadas para o cultivo de uma variedade de culturas, incluindo cana-de-açúcar, algodão e leguminosas. No entanto, o distrito, tal como muitas outras regiões, enfrenta os desafios crescentes da escassez de água e do impacto das alterações climáticas. As alterações nos padrões de precipitação, o aumento das temperaturas e o esgotamento dos recursos hídricos estão a começar a afetar a agricultura e a biodiversidade na região. A economia local, profundamente dependente de um abastecimento de água consistente, é cada vez mais vulnerável a estas mudanças, tornando a gestão da água e as práticas agrícolas sustentáveis fundamentais para o futuro.

Neste contexto, os efeitos actuais das alterações climáticas na biodiversidade, especialmente em regiões com ecossistemas ricos como Bagalkot, são particularmente preocupantes. Os estudos que investigam estes impactos são essenciais para compreender como as mudanças nas condições climáticas podem alterar as espécies locais, a produtividade agrícola e a saúde geral dos ecossistemas nas zonas tropicais e semi-áridas de Bagalkot.

O governo e as organizações locais iniciaram esforços para enfrentar estes desafios, centrando-se na conservação da água e na utilização sustentável dos solos. Os programas destinados a proteger as bacias hidrográficas, a promover métodos de irrigação eficientes e a sensibilizar para a resiliência climática são componentes fundamentais da estratégia de Bagalkot para atenuar os efeitos adversos das alterações climáticas. Através destes esforços, o distrito espera assegurar o seu património natural e os meios de subsistência das suas comunidades para as gerações futuras.

Figura 6. Mapa do distrito de Bagalkot.

Desde a minha última atualização de conhecimentos, em janeiro de 2022, não disponho de informações específicas e actualizadas sobre as questões relacionadas com a água no distrito de Bagalkot, em Karnataka. No entanto, posso fornecer-lhe algumas informações gerais sobre os desafios comuns relacionados com a água que muitas regiões, incluindo Bagalkot, podem enfrentar. Não se esqueça de que a situação pode ter evoluído e é essencial consultar fontes mais recentes para obter as informações mais recentes.

Escassez de água:

Bagalkot, como muitas outras regiões da Índia, pode registar escassez de água, especialmente durante as estações secas. A distribuição desigual dos recursos hídricos, as práticas ineficientes de gestão da água e a extração excessiva das fontes de água subterrânea contribuem para este problema.

Utilização agrícola da água:

A agricultura é uma das principais actividades económicas do distrito de Bagalkot. A elevada procura de água na agricultura, muitas vezes exacerbada por práticas de irrigação ineficazes, pode afetar os recursos hídricos. O equilíbrio entre as necessidades agrícolas e a gestão sustentável da água é um desafio fundamental.

Esgotamento das águas subterrâneas:

A extração excessiva de águas subterrâneas para diversos fins, incluindo a agricultura e a utilização doméstica, pode levar ao esgotamento dos aquíferos. Esta situação pode ter consequências ambientais e económicas a longo prazo.

Qualidade das fontes de água:

A qualidade das fontes de água disponíveis é crucial para o bem-estar da população. A contaminação das fontes de água devido a descargas industriais, escoamento agrícola e instalações sanitárias inadequadas pode levar a problemas de saúde.

Secas e alterações climáticas:

A alteração dos padrões meteorológicos e o aumento da frequência das secas devido às alterações climáticas podem agravar os desafios relacionados com a água na região. As secas podem afetar a disponibilidade de água para uso agrícola e doméstico.

Poluição da água:

A poluição de rios, lagos e outras massas de água é um problema generalizado. As descargas industriais, a eliminação incorrecta de resíduos e o escoamento agrícola com pesticidas e fertilizantes podem contribuir para a poluição da água.

Infra-estruturas hídricas:

A eficiência das infra-estruturas de abastecimento e distribuição de água, tais como barragens, canais e condutas, é fundamental para enfrentar os desafios relacionados com a água. O bom funcionamento das infra-estruturas garante uma gestão eficaz e uma distribuição equitativa dos recursos hídricos, ao passo que sistemas inadequados podem conduzir a ineficiências e agravar a escassez. Em regiões como o distrito de Bagalkot, onde a água é vital tanto para a agricultura como para a vida quotidiana, uma infraestrutura deficiente pode dificultar significativamente os esforços para resolver o problema da escassez de água e da sustentabilidade.

Para obter as informações mais actualizadas e precisas sobre questões relacionadas com a água em Bagalkot, é aconselhável consultar relatórios da administração local, agências ambientais e fontes de notícias fiáveis. Além disso, as organizações comunitárias e as

ONG fornecem frequentemente informações valiosas sobre desafios específicos e iniciativas em curso para melhorar a gestão da água e dar resposta às preocupações locais. Estas fontes podem oferecer uma compreensão abrangente dos problemas relacionados com a água na região e as medidas que estão a ser tomadas para os resolver.

Gestão da qualidade da água

A gestão da qualidade da água é uma abordagem abrangente e multidimensional concebida para proteger, monitorizar e melhorar a qualidade dos recursos hídricos para várias utilizações. Envolve a avaliação sistemática de parâmetros críticos da água, como o pH, o oxigénio dissolvido, a turvação, os nutrientes, os metais pesados, os agentes patogénicos e outros poluentes específicos. Estas avaliações são essenciais para compreender o estado atual da qualidade da água e identificar problemas emergentes. O estabelecimento e a aplicação de normas de qualidade da água são fundamentais para este processo, fornecendo referências claras para níveis aceitáveis de contaminantes com base na utilização prevista da água, quer seja para consumo, recreio, agricultura ou indústria.

Um aspeto fundamental da gestão da qualidade da água é a proteção das águas de origem, que se centra na salvaguarda das bacias hidrográficas, zonas húmidas e áreas de recarga de águas subterrâneas para evitar a contaminação na sua origem. A proteção destas áreas é crucial para manter o abastecimento de água limpa. Além disso, o tratamento de águas residuais de fontes municipais e industriais é vital para a remoção de poluentes nocivos antes de serem libertados em massas de água naturais. Em ambientes urbanos, a gestão das águas pluviais é necessária para mitigar os efeitos do escoamento na qualidade da água, exigindo frequentemente a adoção de infra-estruturas verdes e sistemas de retenção para reduzir a poluição.

As Melhores Práticas de Gestão (BMPs) são estratégias específicas utilizadas para minimizar o impacto das actividades humanas na qualidade da água. Estas práticas incluem medidas como o controlo da erosão, zonas tampão ribeirinhas e gestão do escoamento agrícola, que ajudam a evitar que os poluentes entrem nas fontes de água. As campanhas de sensibilização e educação do público também desempenham um papel essencial, ajudando a promover uma utilização responsável da água e a prevenção da poluição a nível comunitário.

A Gestão Integrada dos Recursos Hídricos (GIRH) fornece um quadro holístico para abordar as questões da qualidade da água, considerando as interconexões entre os recursos hídricos e os factores socioeconómicos. A utilização de soluções tecnológicas avançadas, como as redes de sensores e a teledeteção, melhora a monitorização em tempo real e a deteção precoce de alterações na qualidade da água. As medidas regulamentares, incluindo normas de emissão e licenças de descarga, são vitais para garantir o cumprimento e responsabilizar as indústrias e os municípios pela manutenção das normas de qualidade da água.

Nos casos em que as massas de água atravessam fronteiras nacionais, é frequentemente necessária a cooperação internacional para gerir eficazmente os recursos partilhados. medida que as condições ambientais e as necessidades de água evoluem, torna-se necessária uma gestão adaptativa, exigindo uma revisão e aperfeiçoamento contínuos das estratégias e intervenções para acompanhar os novos desafios. Em última análise, uma gestão bem sucedida da qualidade da água depende de um esforço de colaboração que envolve agências governamentais, comunidades locais, indústrias e organizações ambientais. Ao trabalharem em conjunto, estas partes interessadas podem resolver os problemas actuais da qualidade da água, ao mesmo tempo que se preparam para os desafios futuros, garantindo recursos hídricos sustentáveis para as gerações vindouras.

A gestão da qualidade da água envolve um conjunto de processos e práticas destinados a proteger, monitorizar e melhorar a qualidade dos recursos hídricos para garantir a sua adequação a várias utilizações, incluindo o consumo humano, a agricultura, a indústria e a saúde dos ecossistemas. Eis os principais aspectos da gestão da qualidade da água:

Monitorização e avaliação:

A monitorização regular da qualidade da água é essencial para identificar potenciais problemas e avaliar a eficácia das medidas de gestão.

Parâmetros como o pH, o oxigénio dissolvido, a turvação, os nutrientes (azoto e fósforo), os metais pesados, os agentes patogénicos e os poluentes específicos são medidos para avaliar a qualidade da água.

Normas de qualidade da água:

O estabelecimento e a aplicação de normas de qualidade da água são cruciais. Estas normas definem os níveis aceitáveis de vários contaminantes na água para diferentes utilizações (por exemplo, água potável, água para fins recreativos, água para fins agrícolas).

As normas são estabelecidas com base na investigação científica e em considerações de saúde, e variam de país para país.

Proteção das fontes de água:

A proteção das fontes de água contra a contaminação é um aspeto fundamental da gestão da qualidade da água. Isto inclui a salvaguarda de bacias hidrográficas, zonas húmidas e áreas de recarga de águas subterrâneas.

O planeamento do uso do solo e os regulamentos de zonamento podem ser utilizados para evitar actividades que possam ter um impacto negativo nas fontes de água.

Tratamento de águas residuais:

O tratamento adequado das águas residuais domésticas, industriais e agrícolas é fundamental para evitar a descarga de poluentes nas massas de água.

As estações de tratamento de águas residuais municipais utilizam processos como a sedimentação, a filtração e o tratamento biológico para remover os contaminantes.

Gestão das águas pluviais:

As zonas urbanas enfrentam frequentemente desafios relacionados com o escoamento de águas pluviais que transportam poluentes para as massas de água. A implementação de práticas de gestão das águas pluviais, como pavimentos permeáveis, infra-estruturas verdes e lagoas de retenção, ajuda a reduzir a poluição.

Melhores Práticas de Gestão (BMPs):

As BMPs são medidas e técnicas específicas concebidas para minimizar o impacto das actividades humanas na qualidade da água. Exemplos incluem o controlo da erosão, zonas tampão ribeirinhas e práticas de gestão de nutrientes na agricultura.

Sensibilização e educação do público:

É fundamental educar o público sobre a importância da qualidade da água e as formas de prevenir a poluição. Isto pode levar a um maior apoio público às medidas de proteção da água.

As campanhas de sensibilização do público podem abranger temas como a utilização responsável da água, a eliminação adequada de produtos químicos domésticos e o impacto da poluição nos ecossistemas aquáticos.

Gestão Integrada dos Recursos Hídricos (GIRH):

A GIRH é uma abordagem que considera a interconexão dos recursos hídricos e dá ênfase ao desenvolvimento sustentável, tendo em conta factores sociais, económicos e ambientais.

Envolve a coordenação entre diferentes sectores, partes interessadas e níveis de governo para abordar as questões da qualidade da água de forma abrangente.

Soluções tecnológicas:

As tecnologias avançadas, como as redes de sensores e a teledeteção, são cada vez mais utilizadas para a monitorização em tempo real da qualidade da água. Estas tecnologias fornecem dados valiosos para uma rápida tomada de decisões e intervenção.

Quadro regulamentar:

A implementação e a aplicação de regulamentos relacionados com a qualidade da água são essenciais. Isto inclui a definição de normas de emissão para as indústrias, o estabelecimento de licenças de descarga e a penalização das infracções.

Cooperação internacional:

A gestão da qualidade da água exige frequentemente uma colaboração transfronteiriça, especialmente no caso de massas de água partilhadas. Os acordos e parcerias internacionais podem facilitar os esforços coordenados para combater a poluição transfronteiriça da água.

Gestão adaptativa:

A gestão da qualidade da água deve ser adaptativa, tendo em conta a alteração das condições ambientais e os contaminantes emergentes. As revisões e actualizações regulares das estratégias de gestão são essenciais para uma eficácia a longo prazo.

Uma gestão bem sucedida da qualidade da água requer uma abordagem holística e interdisciplinar, envolvendo agências governamentais, comunidades locais, indústrias e organizações ambientais. A investigação contínua, a inovação tecnológica e o envolvimento da comunidade são componentes-chave de estratégias eficazes de gestão da qualidade da água.

Capítulo 2: Técnicas de medição da qualidade da água

As técnicas de medição da qualidade da água são cruciais para avaliar a segurança e a adequação da água para uma série de fins, incluindo o consumo, as actividades recreativas e a manutenção da saúde ecológica. Estas técnicas envolvem a análise de parâmetros físicos, químicos e biológicos para avaliar a qualidade global da água. Segue-se uma visão geral de alguns métodos comuns utilizados para medir a qualidade da água:

Parâmetros físicos:

Temperatura:

Técnica de medição: A temperatura é medida utilizando um termómetro ou sensores electrónicos. É crucial porque afecta a solubilidade dos gases e as taxas metabólicas dos organismos aquáticos.

Turbidez:

Técnica de medição: A turvação é a turvação ou nebulosidade de um fluido causada por um grande número de partículas individuais. É medida utilizando um turbidímetro, que mede a quantidade de luz dispersa pelas partículas na água.

Condutividade:

Técnica de medição: A condutividade mede a capacidade da água para conduzir uma corrente eléctrica, que está relacionada com a concentração de iões. É medida utilizando um medidor de condutividade.

pH (Concentração de iões de hidrogénio):

Técnica de medição: O pH é medido com um medidor de pH. Indica a acidez ou alcalinidade da água, influenciando as reacções químicas e a solubilidade dos minerais.

Oxigénio dissolvido (DO):

Técnica de medição: O oxigénio dissolvido é crucial para a vida aquática. É medido utilizando uma sonda ou sensor de oxigénio dissolvido. Níveis baixos de OD podem indicar poluição ou outros problemas ambientais.

Salinidade:

Técnica de medição: A salinidade mede a concentração de sais dissolvidos na água. Pode ser determinada utilizando um refratómetro ou um medidor de condutividade.

Parâmetros químicos:

Níveis de nutrientes (azoto, fósforo):

Técnica de medição: Os níveis de nutrientes são medidos utilizando métodos colorimétricos ou analisadores automáticos. Níveis elevados de nutrientes podem levar à eutrofização e à proliferação de algas.

Metais pesados (chumbo, mercúrio, cádmio, etc.):

Técnica de medição: Os metais pesados são analisados utilizando técnicas como a espetroscopia de absorção atómica ou a espetrometria de massa com plasma indutivamente acoplado (ICP-MS).

Carência Química de Oxigénio (CQO) e Carência Bioquímica de Oxigénio (CBO):

Técnica de medição: A CQO e a CBO são indicadores de poluição orgânica. São determinados pela medição da quantidade de oxigénio consumido durante a decomposição da matéria orgânica.

Sólidos totais dissolvidos (TDS):

Técnica de medição: O TDS mede a concentração total de substâncias dissolvidas na água. É medido evaporando um volume conhecido de água e pesando o resíduo.

Parâmetros biológicos:

Análise de bactérias e agentes patogénicos:

Técnica de medição: A presença de bactérias e agentes patogénicos é determinada através de métodos de cultura microbiana ou de técnicas moleculares avançadas como a reação em cadeia da polimerase (PCR).

Índice Biótico:

Técnica de medição: Os índices bióticos utilizam a presença ou ausência de espécies indicadoras específicas para avaliar a qualidade da água. Os macroinvertebrados e as algas são normalmente utilizados como indicadores.

Deteção remota:

Imagens de satélite:

Técnica de medição: As tecnologias de deteção remota utilizam imagens de satélite para avaliar os parâmetros de qualidade da água, como a concentração de clorofila e a temperatura da água.

Medições in-situ vs. medições laboratoriais:

As medições in-situ são efectuadas diretamente no local de amostragem utilizando instrumentos portáteis.

As medições laboratoriais envolvem a recolha de amostras de água e a sua análise num ambiente controlado, permitindo análises mais detalhadas e precisas.

A monitorização regular utilizando estas técnicas ajuda a identificar alterações na qualidade da água, a seguir tendências e a implementar estratégias de gestão adequadas para garantir a saúde dos ecossistemas aquáticos e a segurança da água para consumo humano.

Capítulo 3: Experimental

Medição da turvação da água

Aparelhos: Balança eletrónica, balão volumétrico, copo, proveta, pipeta (5 ml), nefelómetro digital.

Produtos químicos necessários: Hexamina, sulfato de hidrazina.

Procedimento

- Em primeiro lugar, preparamos as soluções reagentes. Pegamos em 1 g de solução de sulfato de hidrazina e dissolvemo-la em água. O volume total é de 100 ml, a que chamamos solução 1.
- Solução de preparação- 2 tomando 10g de hexmina dissolvida em água e fazendo com que o volume da amostra seja de 100ml.
- Agora, pipete 5 ml de cada uma das soluções num outro copo. Misture-as e deixe-as repousar durante 24 horas.
- Adicionar água para perfazer um volume total de 100 ml. Esta é a solução de turbidez em unidades NTU
- Tomamos 1 ml de solução de turbidez e colocamos 20 ml num copo. Agora temos uma solução de trabalho com uma concentração de 20 NTU
- Ligar agora o instrumento, colocar a água destilada no tubo de amostra e colocá-lo no suporte de água, colocar a marca branca no instrumento, fechar e utilizar o botão de subzero. Colocar no zero e substituir a solução de turbidez de trabalho.
- E utilizando o botão de calibração apenas na leitura de 20 NTU
- Agora, selecione o intervalo adequado.
- Agora que o instrumento está pronto a ser utilizado, efetuar outra calibração para obter uma maior precisão.
- Recolher a amostra e medir os valores de turbidez.

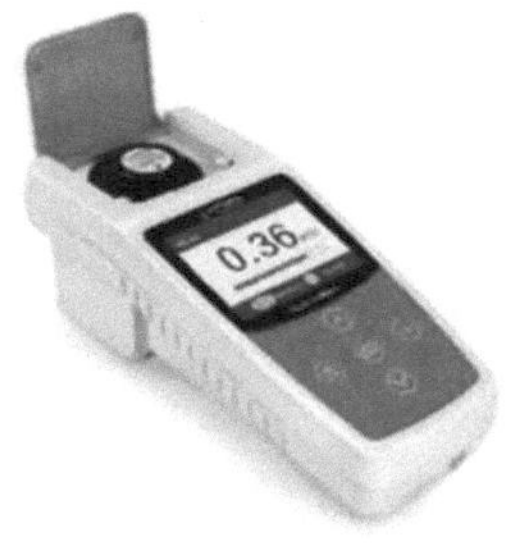

Figura 7. Turbidómetro

Determinação da carência química de oxigénio

Equipamento: Frascos de reagentes, copo, frasco cónico, suporte para bureta, banho-maria.

Produtos químicos necessários: Solução de dicromato de potássio, solução de iodeto de potássio, solução de tiossulfato de sódio 0,1N.

Procedimento

- Colher simultaneamente 50 ml de uma amostra de água num erlenmeyer limpo (100 ml).
- A água destilada utilizada como branco e padrão em singlete.
- Adicionar 5 ml de dicromato de potássio a cada erlenmeyer e mantê-los num banho de água quente (mantido a 100 °C durante 1 hora)
- A amostra é deixada arrefecer durante 10 minutos à temperatura ambiente.
- Adicionar a cada balão 5 ml de iodeto de potássio e 10 ml de ácido sulfúrico (H_2SO_4) e padronizar com tiossulfato de sódio 0,1 N até ao aparecimento de uma cor amarela pálida.
- Em seguida, adiciona-se 1 ml de indicador de amido, que se torna azul, e titula-se novamente com tiossulfato de sódio 0,1 N até a cor azul desaparecer completamente.

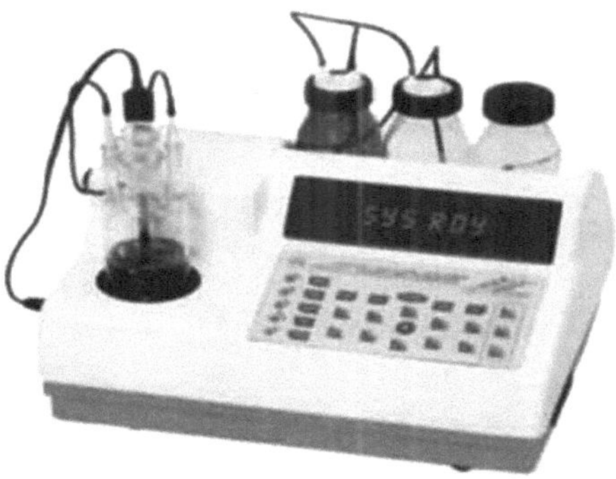

Figura 8. Medidor de CQO

Experiência: Medir a Condutividade da água

Appartus: célula de condutividade, copo, indicador digital de temperatura, etc.

Produto químico necessário: solução de KCl, solução de KCl anidro

Procedimento

- Ligar o instrumento, ler agora o valor da constante especificada pelo fabricante.
- Colocar o instrumento na curva de calibração, preparar a solução-padrão de KCl seca durante 1 hora e a solução de KCl anidro.
- Tomamos a solução padrão de KCl com uma condutância de 1 mili mole/cm e, ao medir a sua condutividade, o valor apresentado é similarmente próximo de 1, pelo que está calibrado.
- Para tal, procede-se da seguinte forma: primeiro, a célula é lavada com ácido crómico e colocada na solução protonante durante um determinado período de tempo.
- Podemos medir a condutividade da amostra.
- Vamos tirar a amostra simplesmente mergulhar a célula nela, o instrumento é mais o medidor é exibido os valores para melhor precisão. colocar a leitura de acordo leitura é estável anotar os valores.
- A condutividade da amostra também depende da temperatura, com o aumento da temperatura, a atividade dos iões aumenta e os valores de condutividade aumentam.

- Temperatura padrão 25 °C. medição ou é necessário aplicar uma correção.
- Medir a temperatura da amostra com a ajuda de um indicador digital de temperatura.
- A temperatura da amostra é anotada e o fator de correção também é anotado no quadro.
- Para determinar o valor corrigido.
- Determinar o total de sólidos dissolvidos.

Figura 9. Condutómetro

Medição da alcalinidade da água

Aparelhos: Bureta (50 ml), suporte para bureta, erlenmeyer (250 ml), proveta graduada, funil e copo.

Produtos químicos necessários: Indicador de fenolftaleína, alaranjado de metilo, ácido sulfúrico (H_2SO_4).

Procedimento

- Encher a bureta com solução de ácido sulfúrico para remover as bolhas de ar.
- Colocar 100 ml de amostra num erlenmeyer e adicionar 3-4 gotas do indicador fenolftaleína; se a cor ficar rosa, titular com ácido sulfúrico; se a cor não for rosa, adicionar uma gota de alaranjado de metilo.
- Titular até ao aparecimento de cor laranja, mas o aparecimento de cor laranja clara indica que não há alcalinidade presente na amostra.
- Colhe-se outra amostra e adicionam-se 3-4 gotas de indicadores de fenolftaleína, a cor passa a ser rosa Titular com ácido sulfúrico Anotar as leituras iniciais Titular lentamente até a cor rosa desaparecer.
- Anotar a leitura de 1 gota de alaranjado de metilo na amostra Titular com ácido sulfúrico até aparecer uma cor laranja clara Anotar a leitura da bureta.
- Repetido várias vezes para obter um valor simultâneo
- Registar a leitura simultânea.

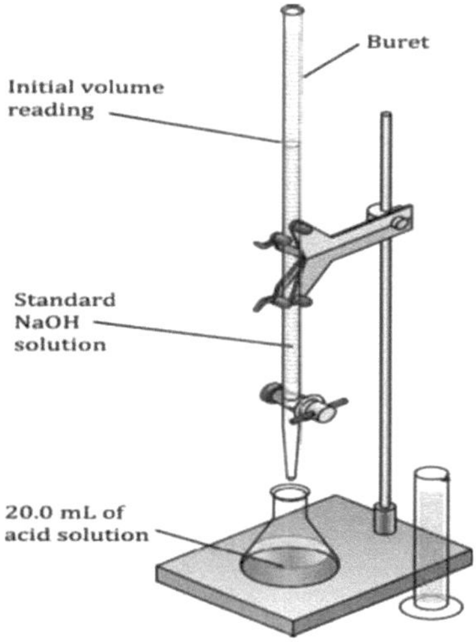

Figura 10. Titulação

Condutividade

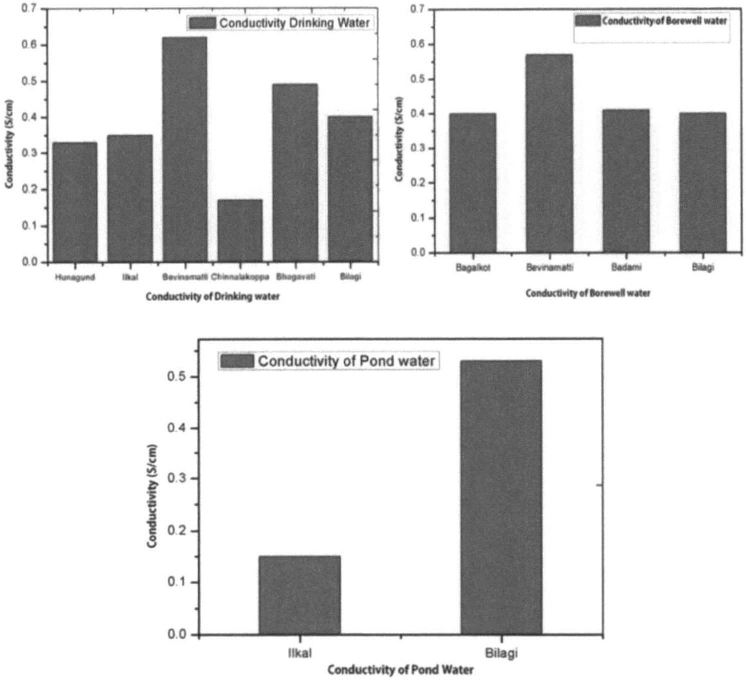

Figura 11. Medição da condutividade de (a) água potável, (b) água de poço e (c) água de lago

As medições da condutividade da água de várias aldeias do distrito de Bagalkot foram sistematicamente recolhidas e analisadas para avaliar a qualidade dos recursos hídricos locais. A condutividade é um parâmetro importante, pois indica a concentração de iões dissolvidos na água, o que pode afetar a sua adequação a várias utilizações, incluindo beber, irrigar e suportar a vida aquática. A Figura 11 apresenta os resultados destas medições de condutividade, fornecendo uma representação visual dos dados recolhidos de diferentes fontes.

Entre as amostras analisadas, a água da lagoa de Ilkal destacou-se por ter uma condutividade notavelmente baixa, sugerindo uma menor concentração de sais dissolvidos e impurezas. Esta descoberta é particularmente significativa, pois indica que a água do lago Ilkal pode ser de melhor qualidade em comparação com outras fontes amostradas no distrito. Uma condutividade mais baixa está frequentemente relacionada com uma melhor qualidade da água, tornando-a mais adequada para beber e para outras utilizações. Estes resultados podem informar as estratégias locais de gestão da água e realçar a importância de preservar e proteger a lagoa de Ilkal, uma vez que pode servir como um recurso vital para as comunidades circundantes. A análise não só contribui para uma melhor compreensão da qualidade da água da região, como também sublinha a necessidade de uma monitorização contínua para garantir uma gestão sustentável dos recursos hídricos no distrito de Bagalkot.

Medição da Turbidez

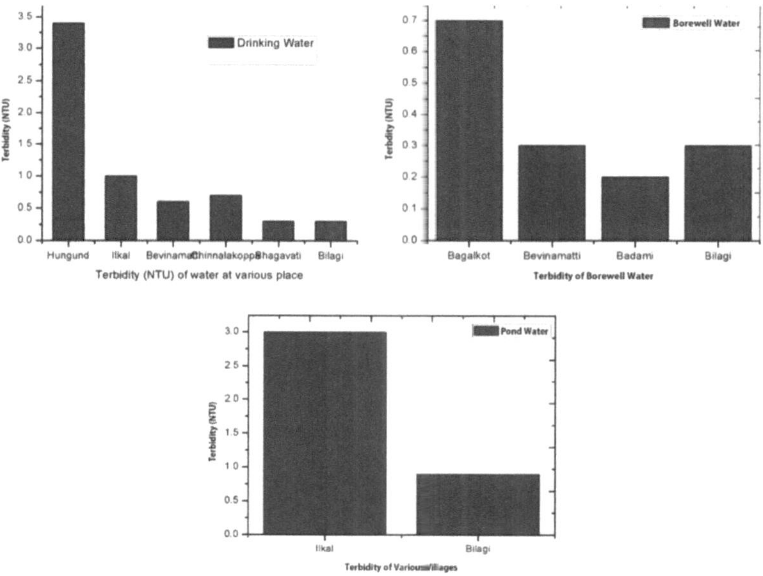

Figura 12. Medição da turbidez de (a) água potável, (b) água de poço e (c) água de lago

As medições da turvação da água de várias aldeias do distrito de Bagalkot foram meticulosamente recolhidas e analisadas para avaliar a clareza e a qualidade das fontes de água locais. A turvação, que se refere à turvação ou nebulosidade da água causada por partículas em suspensão, é um indicador importante da qualidade da água. Níveis elevados de turvação podem ter um impacto negativo na vida aquática, reduzir a eficácia dos processos de desinfeção e indicar a presença de contaminantes. A Figura 12 ilustra os resultados destas medições de turbidez, fornecendo uma representação visual clara dos dados obtidos em diferentes locais de amostragem em todo o distrito.

Entre as amostras analisadas, a água do furo de Badami surgiu como particularmente digna de nota, exibindo níveis de turbidez significativamente mais baixos em comparação com outras fontes. Esta constatação sugere que a água do furo de Badami é relativamente límpida e pode conter menos partículas em suspensão e impurezas, o que a torna uma fonte de água potencialmente de alta qualidade para a comunidade local. Os níveis mais baixos de turbidez são cruciais, pois indicam uma melhor qualidade da água, que é essencial para beber, irrigar e apoiar ecossistemas saudáveis.

Esta análise não só destaca a qualidade da água do furo de Badami, como também sublinha a importância da monitorização regular dos níveis de turbidez nos recursos hídricos do distrito. A garantia de que a turbidez se mantém baixa pode ajudar a salvaguardar a saúde pública e a manter o equilíbrio ecológico na região. Além disso, os resultados podem orientar as autoridades locais e as partes interessadas na implementação de práticas eficazes de gestão da água para proteger e preservar estas valiosas fontes de água para as gerações futuras. Ao identificar as fontes de água de melhor qualidade, a comunidade pode tomar decisões informadas sobre a utilização da água e estratégias de conservação, contribuindo para uma gestão sustentável dos recursos hídricos no distrito de Bagalkot.

Alcalinidade da água

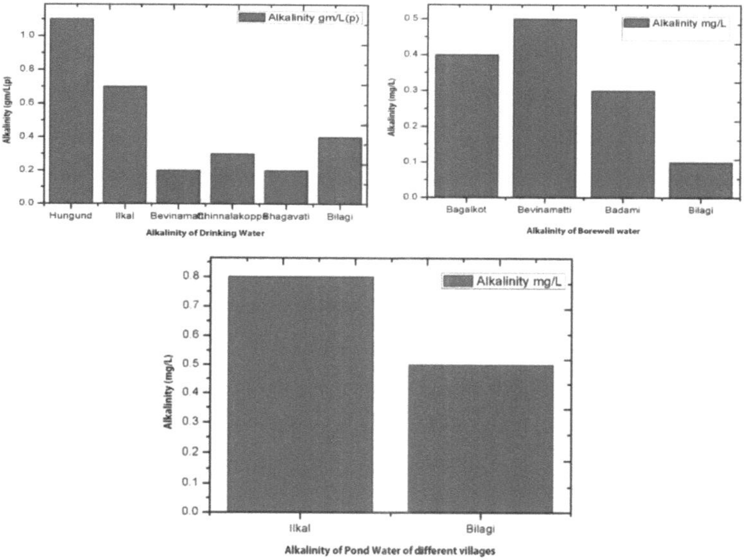

Figura 13. Medição da alcalinidade de (a) água potável, (b) água de poço e (c) água de lago

As medições da alcalinidade da água de várias aldeias do distrito de Bagalkot foram sistematicamente recolhidas e analisadas para avaliar a composição química e a adequação das fontes de água locais. A alcalinidade refere-se à capacidade da água para neutralizar os ácidos, principalmente devido à presença de bicarbonatos, carbonatos e hidróxidos. Este parâmetro é essencial para avaliar a qualidade da água, uma vez que influencia a estabilidade do pH, afecta os ecossistemas aquáticos e a eficácia dos processos de tratamento da água. A Figura 13 apresenta uma representação visual dos resultados de alcalinidade obtidos nos diferentes locais de amostragem do distrito.

Entre as amostras analisadas, a água do furo de Bilagi destacou-se com níveis de alcalinidade notavelmente baixos, indicando uma fonte de água de melhor qualidade em comparação com outras na área. Uma alcalinidade mais baixa sugere que a água tem menos probabilidades de causar incrustações em tubagens e instalações sanitárias e pode também proporcionar um ambiente mais favorável à vida aquática. Isto é particularmente importante para as práticas agrícolas, uma vez que níveis óptimos de alcalinidade podem melhorar a saúde do solo e aumentar o rendimento das culturas.

Os resultados relativos à água do furo de Bilagi destacam o seu potencial como fonte fiável de água limpa para a comunidade local, tornando-a adequada para beber e irrigar. Estes resultados não só sublinham a importância da monitorização da alcalinidade nos recursos hídricos, como também ajudam a informar as estratégias locais de gestão da água. Ao identificar fontes de água de alta qualidade, as partes interessadas podem dar prioridade à sua proteção e utilização sustentável, garantindo que a comunidade tem acesso a água segura e saudável.

Além disso, estes resultados podem levar a novas investigações sobre os factores geológicos e ambientais que contribuem para a menor alcalinidade observada na água do furo de Bilagi. A compreensão destas influências pode ajudar no desenvolvimento de práticas de conservação eficazes e de políticas de gestão da água adaptadas às condições únicas da região. Em última análise, a monitorização e análise contínuas dos parâmetros de qualidade da água, como a alcalinidade, serão essenciais para salvaguardar a saúde tanto da população como dos ecossistemas locais no distrito de Bagalkot.

Alcalinidade por alaranjado de metilo

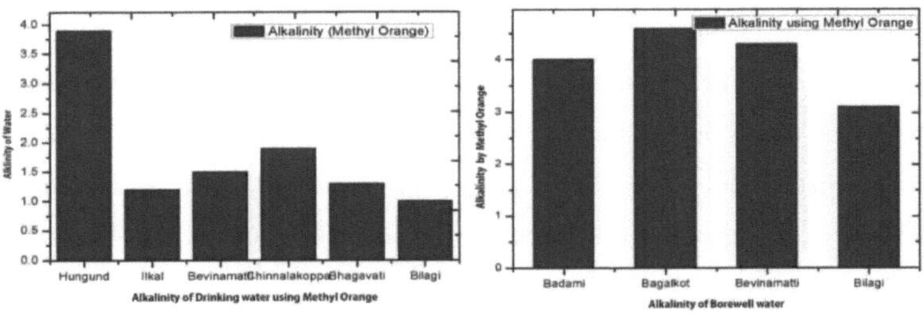

Figura 14. A alcalinidade usando o alaranjado de metilo como indicador de (a) água potável, (b) água de poço e (c) água de lago.

As medições de alcalinidade utilizando alaranjado de metilo da água de várias aldeias do distrito de Bagalkot foram sistematicamente recolhidas e analisadas para avaliar as caraterísticas químicas das fontes de água locais. O alaranjado de metilo é um indicador de pH habitualmente utilizado em titulações, nomeadamente para determinar a acidez e a alcalinidade de amostras de água. A alcalinidade é um parâmetro importante, pois reflecte a capacidade da água para neutralizar ácidos e manter níveis de pH estáveis, que são cruciais tanto para o consumo humano como para a saúde ecológica. A figura 14 ilustra os resultados obtidos com estas medições, fornecendo um resumo visual dos níveis de alcalinidade em diferentes locais de amostragem.

Entre as amostras analisadas, a água potável de Bilagi destacou-se particularmente, exibindo uma alcalinidade significativamente menor em comparação com outras fontes. Esta descoberta sugere que a água potável de Bilagi é de alta qualidade, tornando-a potencialmente mais palatável e segura para consumo. Uma menor alcalinidade pode indicar uma composição química equilibrada, o que é essencial para garantir que a água não afecta negativamente os sistemas de canalização ou contribui para a incrustação de aparelhos que utilizam água.

Os resultados relativos à água potável de Bilagi não só destacam a sua qualidade, como também sublinham a importância da monitorização e avaliação regulares da alcalinidade no abastecimento de água local. A identificação de fontes com níveis óptimos de alcalinidade pode ajudar as autoridades locais a tomar decisões informadas sobre a distribuição e utilização da água, particularmente em relação à saúde e às práticas agrícolas. Em regiões onde a qualidade da água pode estar comprometida, manter uma alcalinidade baixa é vital para garantir que a água potável permaneça segura e livre de contaminantes nocivos.

Além disso, a compreensão dos factores que contribuem para a menor alcalinidade da água potável de Bilagi pode fornecer informações sobre as condições geológicas locais e as práticas de gestão das fontes de água. Esse conhecimento pode informar estratégias sustentáveis de gestão da água, ajudando a proteger e preservar recursos hídricos de alta qualidade no distrito. Em última análise, a monitorização contínua dos parâmetros de qualidade da água, incluindo a alcalinidade, é essencial para salvaguardar a saúde pública e promover a sustentabilidade ambiental no distrito de Bagalkot.

Carência química de oxigénio (CQO)

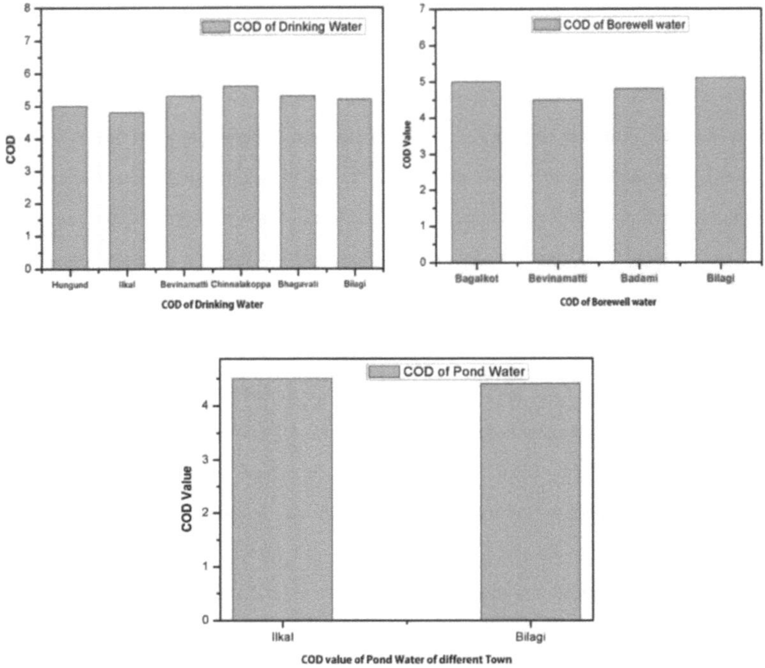

Figura 15. Medição da CQO de (a) água potável, (b) água de poço e (c) água de lago.

A medição da carência química de oxigénio (CQO) em amostras de água de várias aldeias do distrito de Bagalkot foi meticulosamente recolhida e analisada para avaliar os níveis de poluição orgânica nos recursos hídricos locais. A CQO é um indicador crucial utilizado para avaliar a quantidade de oxigénio necessária para oxidar quimicamente a matéria orgânica na água, fornecendo informações sobre a qualidade da água e a sua capacidade de suportar a vida aquática. Valores elevados de CQO indicam muitas vezes níveis significativos de poluição, normalmente por substâncias orgânicas, que podem afetar negativamente a saúde humana e o ambiente. A Figura 15 apresenta uma visão global dos resultados de CQO obtidos em diferentes locais de amostragem em todo o distrito.

Entre as amostras analisadas, a água do poço de Bilagi foi particularmente notável, exibindo valores razoáveis de COD que sugerem que é relativamente baixa em poluentes orgânicos. Este resultado indica que a água do furo de Bilagi é de boa qualidade, tornando-a adequada para beber e para outras utilizações. A presença de níveis mais baixos de CQO é essencial para garantir que a água não representa riscos para a saúde e pode apoiar os ecossistemas locais.

Para além disso, a água potável de Chinnalakoppa também demonstrou uma qualidade igualmente louvável, com valores de CQO calculados que se alinham de perto com os da água do furo de Bilagi. Esta consistência na qualidade da água realça a importância de ambas as fontes como opções fiáveis para a comunidade local, servindo potencialmente como recursos vitais para beber e para fins agrícolas.

Os resultados positivos relativos aos níveis de CQO tanto em Bilagi como em Chinnalakoppa sublinham a importância da monitorização contínua dos parâmetros de qualidade da água no distrito de Bagalkot. Ao identificar fontes com níveis aceitáveis de CQO, as autoridades locais podem dar prioridade a essas águas para proteção e utilização sustentável. Além disso, a compreensão dos factores que contribuem para os valores de CQO observados pode ajudar a informar práticas de gestão eficazes destinadas a reduzir a poluição orgânica na região.

Como a gestão da qualidade da água se torna cada vez mais crítica face aos desafios ambientais, a avaliação regular de parâmetros como a CQO será essencial. Estes esforços podem orientar as políticas e iniciativas locais concebidas para garantir água potável segura, proteger a saúde pública e promover o bem-estar geral dos ecossistemas no distrito de Bagalkot.

Capítulo 5: Parâmetros estéticos

Figura 16. Podem ocorrer problemas quando a água transborda durante a recolha, fazendo com que volte a fluir para a fonte através de infra-estruturas quebradas ou danificadas.

De acordo com os resultados do inquérito realizado nas zonas urbanas e rurais, uma maioria significativa dos inquiridos - 64% das zonas urbanas e 65% das zonas rurais - identificou o sabor como o principal indicador da deterioração da qualidade da água. Este resultado da investigação, que estabeleceu que o sabor da água é um determinante crucial da sua qualidade estética. O sabor da água pode ter um impacto significativo na perceção da sua qualidade global, uma vez que as pessoas associam frequentemente sabores desagradáveis a contaminação ou a outros problemas de qualidade.

O inquérito também revelou informações sobre as percepções da segurança da água. Entre aqueles que consideraram a segurança das suas fontes de água, 57% dos inquiridos urbanos e 60% dos inquiridos rurais acreditam que as fontes de água melhoradas são seguras. Isto indica um nível relativamente elevado de confiança na segurança da água proveniente de fontes melhoradas, tais como sistemas de canalização ou poços protegidos, em comparação com fontes mais tradicionais ou desprotegidas.

Além disso, alguns inquiridos referiram que o sabor da água de fontes alternativas melhoradas, como as nascentes naturais, era considerado melhor do que o da água da torneira. Esta preferência é frequentemente atribuída ao facto de as nascentes fornecerem tipicamente água de fluxo livre, o que minimiza a oportunidade de acumulação de contaminantes ou substâncias indesejáveis. O fluxo contínuo da água da nascente ajuda a manter a sua frescura e sabor. Em contrapartida, a água da torneira pode, por vezes, ter um sabor desagradável devido ao processo de cloração utilizado para a desinfetar. O cloro, embora essencial para matar agentes patogénicos nocivos, pode conferir um sabor distinto à água. Além disso, a água dos canos pode ser exposta ao calor da luz solar, o que pode afetar ainda mais o seu sabor. Isto é particularmente evidente em climas mais quentes, onde os canos podem aquecer, potencialmente exacerbando a questão do sabor devido à interação do cloro com outras substâncias na água.

Em geral, o inquérito realça a forte ligação entre o sabor e a perceção da qualidade e segurança da água. Sublinha a importância de abordar as questões do sabor no tratamento e distribuição da água para melhorar a satisfação e a confiança do público nas fontes de água. Além disso, os resultados sugerem que manter as qualidades estéticas da água, como o sabor, é tão crucial como garantir a sua segurança, uma vez que ambos os factores contribuem para a perceção global da qualidade da água entre os consumidores. Por outro lado, 44% dos inquiridos das zonas urbanas e 45% das zonas rurais referiram que a cor da água de fontes melhoradas era utilizada como indicador da sua qualidade. Isto sugere que o aspeto visual da água é um fator significativo na avaliação da sua segurança e limpeza para muitas pessoas. As queixas relativas à cor nas zonas urbanas estão frequentemente relacionadas com o processo de cloração utilizado para desinfetar a água da torneira. O cloro pode reagir com materiais orgânicos e outras substâncias na água, levando a mudanças de cor que podem parecer desagradáveis para uso imediato (APHS, 1999; OMS, 2004). Além disso, foi detectada uma concentração de cloro de 0,3 mg/L exclusivamente em amostras de água da torneira, o que reforça as preocupações relacionadas com a cloração.

A cor e o sabor da água também podem ser afectados pelo estado do sistema de distribuição. Em ambientes urbanos, a corrosão das tubagens de ferro e dos fontanários pode levar à descoloração e a alterações no sabor devido à presença de ferrugem e outros subprodutos. Estas questões realçam a importância da manutenção e modernização das infra-estruturas de água para garantir a qualidade e segurança da água.

No que se refere à perceção da deterioração da qualidade da água, 61% dos inquiridos nas zonas urbanas e 52% nas zonas rurais identificaram os resíduos humanos como o principal fator contribuinte. Nas zonas rurais, a poluição resulta frequentemente de actividades como as crianças que brincam perto das fontes de água, o que pode introduzir contaminantes. Além disso, podem ocorrer problemas quando a água transborda durante a recolha, fazendo com que volte a fluir para a fonte através de infra-estruturas quebradas ou danificadas (Figura 16). Esta situação pode levar à reintrodução de contaminantes no abastecimento de água.

Nas zonas urbanas, a situação pode ser igualmente preocupante. As fontes de água estão por vezes localizadas a jusante de zonas residenciais onde se pratica a defecação a céu aberto a montante. Isto pode levar à contaminação do abastecimento de água com agentes patogénicos e poluentes provenientes de dejectos humanos, afectando a qualidade e a segurança da água disponível para os residentes. Em geral, os resultados do inquérito sublinham os diversos factores que afectam a perceção da qualidade da água, incluindo indicadores visuais como a cor, problemas de infra-estruturas e contaminação por actividades humanas. A resolução destes problemas exige uma abordagem multifacetada, incluindo a melhoria dos processos de tratamento da água, a manutenção das infra-estruturas e a aplicação de práticas de saneamento eficazes para proteger e melhorar a qualidade da água para todas as comunidades.

Capítulo 6: Conclusão

Em conclusão, uma avaliação exaustiva da qualidade da água através da medição dos valores de condutividade, turvação, alcalinidade e carência química de oxigénio (CQO) permite uma compreensão matizada da saúde e da integridade ecológica das massas de água. Cada um destes parâmetros serve como um indicador crítico da qualidade da água, reflectindo a presença de vários contaminantes e as caraterísticas químicas e físicas globais da água.

As medições de condutividade, por exemplo, oferecem informações valiosas sobre a capacidade da água para conduzir uma corrente eléctrica, o que é indicativo da concentração de iões e sais dissolvidos. Uma condutividade elevada pode indicar níveis elevados de poluentes, enquanto uma condutividade mais baixa pode sugerir uma água mais limpa. Do mesmo modo, as medições da turbidez revelam a clareza da água, o que indica a presença de partículas em suspensão e potenciais poluentes que podem afetar a qualidade da água e a saúde da vida aquática.

As medições de alcalinidade fornecem informações essenciais sobre a capacidade tampão da água, influenciando a sua resistência a alterações de pH. Isto é crucial para a manutenção de condições ambientais estáveis que apoiam o bem-estar dos organismos aquáticos. Uma massa de água bem tamponada é mais resistente a flutuações de acidez, que podem ser prejudiciais para os peixes e outros animais selvagens.

A avaliação dos valores de CQO é fundamental para aferir os níveis de poluição numa massa de água. A CQO representa a quantidade de oxigénio necessária para a oxidação química da matéria orgânica, e valores elevados de CQO indicam frequentemente uma poluição orgânica significativa. Esta poluição pode levar à depleção de oxigénio, afectando negativamente os ecossistemas aquáticos e resultando potencialmente na morte de peixes ou noutros efeitos prejudiciais para a vida selvagem.

Coletivamente, a integração destes parâmetros de qualidade da água permite uma avaliação holística das condições ambientais. Esta análise abrangente ajuda a formular estratégias eficazes de gestão da água e medidas de controlo da poluição. A monitorização e análise regulares destes parâmetros são cruciais para a preservação dos recursos hídricos, garantindo a sustentabilidade dos ecossistemas e salvaguardando a saúde humana.

À medida que continuamos a enfrentar desafios crescentes relacionados com a qualidade da água - tais como a poluição proveniente de escoamentos agrícolas, descargas industriais e desenvolvimento urbano - a adoção de técnicas de medição rigorosas torna-se essencial. Estas técnicas permitem a tomada de decisões informadas e a proteção das nossas fontes de água vitais, garantindo que tanto as gerações actuais como as futuras possam ter acesso a água segura e limpa. Em última análise, uma abordagem proactiva à avaliação e gestão da qualidade da água é fundamental para sustentar os nossos recursos naturais e promover o equilíbrio ecológico num ambiente em constante mudança.

7. Referências

[1] American Public Health Association e American Water Works Association 1999 Standard Methods for the Examination of Water and Wastewater. 20ª ed., Washington, D.C., EUA.

[2] Brown R. M., McClelland N. I., Deininger R. A., Tozer R. G. 1970 A water quality index-do we dare? Water and Sewage Works, outubro de 1970, 339-343.

[3] Bureau of Indian Standards 2012 Especificação da norma indiana para água potável (segunda revisão).

[4] Deshpande L. undated Water Quality Analysis: Métodos laboratoriais. Instituto Nacional de Investigação em Engenharia Ambiental (NEERI), Nagpur, Conselho de Investigação Científica e Industrial, Nova Deli, Governo da Índia.

[5] Kori R., Parashar S., Basu, D.D. undated Guide Manual: Water and Wastewater Analysis. Central Pollution Control Board, Ministério do Ambiente e das Florestas, Índia.

[6] Metcalf E., Eddy H. 2003 Wastewater Engineering: Treatment and Reuse. Tata McGraw- Hill Publishing Co Ltd, Índia.

[7] Roy R. 2018 Uma abordagem para desenvolver um índice alternativo de qualidade da água usando FLDM. In: Majumder M. (eds) Aplicação de Sistemas de Informação Geográfica e Técnicas de Computação Suave em Problemas de Água e Energia Renovável Baseada em Água. Water Resources Development and Management. Springer, Singapura, 51- 68.

[8] Roy R., Majumder M. 2017 Comparação da qualidade das águas superficiais com o uso do solo: um estudo de caso de Tripura, Índia. Dessalinização e Tratamento de Água, 85, 147-153.

[9] Roy R., Majumder M. 2018 Uma previsão rápida da dureza dos parâmetros de qualidade da água por rede neural artificial. Revista Internacional de Meio Ambiente e Desenvolvimento Sustentável, 17(2/3), 247-257.

[10] Tyagi S., Sharma B., Singh P., Dobhal R. 2013; Avaliação da qualidade da água em termos de índice de qualidade da água. Jornal Americano de Recursos Hídricos, 1(3), 34-38.

Sobre os autores

O Dr. M. B. Patil está a trabalhar como Professor Assistente, Departamento de Química, Basaveshwar Science College, Bagalkot, Índia. As suas áreas de especialização são as membranas poliméricas, os nanocompósitos e a física química. Tem várias patentes nacionais e internacionais nos seus créditos e também muitas revistas internacionais de renome. Foi Diretor de I&D na Reliance Industries Ltd. Trabalhou no Qatar e na Universidade de Cambridge, Reino Unido.

Vijayakumar B. Chikkalaki, atualmente a frequentar o Mestrado em Química no Departamento de Química do P.G., Basaveshwar Science College, Bagalkot-587101, Karnataka, ÍNDIA. Tem bons resultados académicos.

Vishnu S. Ambalajheri, atualmente a frequentar o Mestrado em Química no Departamento de Química do P.G., Basaveshwar Science College, Bagalkot-587101, Karnataka, ÍNDIA. Tem bons resultados académicos.

MIX
Papier aus verantwortungsvollen Quellen
Paper from responsible sources
FSC® C105338

Printed by Books on Demand GmbH, Norderstedt / Germany